**Bibliografische Information der Deutschen Nationalbibliothek:**

Die Deutsche Bibliothek verzeichnet diese Publikation in der Deutschen National-
bibliografie; detaillierte bibliografische Daten sind im Internet über http://dnb.d-
nb.de/ abrufbar.

**Impressum:**

Copyright © 2008 GRIN Verlag, Open Publishing GmbH
Druck und Bindung: Books on Demand GmbH, Norderstedt Germany
ISBN: 9783640505081

**Dieses Buch bei GRIN:**

http://www.grin.com/de/e-book/141629/die-theorie-der-zentralen-orte-nach-chris-
taller

Vincent Große

# Die Theorie der zentralen Orte nach Christaller

GRIN Verlag

**GRIN - Your knowledge has value**

Der GRIN Verlag publiziert seit 1998 wissenschaftliche Arbeiten von Studenten, Hochschullehrern und anderen Akademikern als eBook und gedrucktes Buch. Die Verlagswebsite www.grin.com ist die ideale Plattform zur Veröffentlichung von Hausarbeiten, Abschlussarbeiten, wissenschaftlichen Aufsätzen, Dissertationen und Fachbüchern.

**Besuchen Sie uns im Internet:**

http://www.grin.com/

http://www.facebook.com/grincom

http://www.twitter.com/grin_com

Martin-Luther-Universität Halle-Wittenberg

# Die Theorie der Zentralen Orte
# nach Walter Christaller.

vorgelegt von:     Vincent Große

Naturwissenschaftliche Fakultät III
Institut für Geowissenschaften
Fachgebiet Wirtschaftsgeographie

Halle/Saale, 30.01.2008

# Inhaltsverzeichnis.

# 1. Einleitung.

Bei der Suche nach Antworten und Gesetzmäßigkeiten, warum Städte groß oder klein sind, wo, warum und wie viele entstanden und nach welchem Ordnungsprinzip sie sich bildeten, verfasste Walter CHRISTALLER im Jahre 1933 seine bedeutende wirtschaftsgeographische Studie "Die zentralen Orte in Süddeutschland". Diese legt eine deduktive Theorie dar, die anschließend am Beispiel Süddeutschland zur Anwendung kommt. „...die Theorie hat eine Gültigkeit, ganz unabhängig davon, wie die konkrete Wirklichkeit aussieht,..." (CHRISTALLER 1933).

Die Zentrale Orte Theorie will Standorte absatzorientierter Unternehmen, insbesondere des tertiären Wirtschaftssektors, erklären. Durch vereinfachende und aus heutiger Sicht veralteten, nicht mehr anwendbaren Prämissen wirkt CHRISTALLERS Theorie realitätsfremd. Eine weitestgehend homogene Gesellschaft, Siedlungsstruktur wird vorausgesetzt. Staatlichen Regelungen kommen nicht zum Einwirken. Ein völliges Ideal wird dargestellt, die räumliche Ansiedlung von Anbieterstandorten ist ein Optimum aus wirtschaftlicher Sicht. Während das gegebene Marktpotential maximal ausgeschöpft wird, minimieren sich die vom Verbraucher aufzubringenden Transportkosten. Eine optimale Versorgung der Bevölkerung ist somit gegeben.

Anwendung in Deutschland fand die Zentrale Orte Theorie in den 1960er Jahren in Raumordnungskonzepten und Landes- und Regionalplanungen. Ländliche Siedlungen wurden ausgebaut, um einer Abwanderung entgegenzuwirken. Die Ministerkonferenz für Raumordnung definierte am 08.02.1968 eine Hierarchie in Ober-, Mittel-, Unter- und Grundzentren. Während die Grundzentren die Grundversorgung der Bevölkerung absichern, decken die Oberzentren nicht allein die Grundversorgung, sondern darüber hinaus auch die Deckung des „spezialisierten höheren Bedarfs" (KULKE, 2004).

Das Originalwerk von 1933 liegt dieser Arbeit zu Grunde; die Ausführungen sollen sich insbesondere darauf stützen. Sekundärliteratur wurde nachrangig und in geringem Umfang benutzt.

## 2. Kurzbiographie Walter CHRISTALLERS.

WALTER CHRISTALLER
1893–1969

Abbildung 1: HAGGET 1991

Geboren wurde Walter CHRISTALLER 1893 in Calw/Baden-Württemberg. Der Pfarrerssohn, Wanderarbeiter, Soldat (I.Weltkrieg) und Aktivist der Bodenreformer legt 1930 die Prüfung zum Diplomvolkswirt ab und promoviert 1933 mit seiner wirtschaftsgeographischen Studie "Die zentralen Orte in Süddeutschland". Er ist SPD-Mitglied und geht 1933 ins Exil nach Frankreich, arbeitet aber kurz darauf wieder in Berlin an der Universität. Ab 1940 gehört er zum Arbeitskreis „Zentrale Orte" der Hauptabteilung Planung und Boden, im gleichen Jahr ist er NSDAP-Mitglied, später wechselt er zur KPD und schließlich erneut zur SPD. Er arbeitet auf Honorarbasis als Privatdozent. Er verstirbt 1969. (HOTTES 1981/82)

# 3. Die Theorie der Zentralen Orte, eine Darstellung.

## 3.1. Die Hierarchie der Zentralen Orte.

Seine Dissertation „Die Zentralen Orte in Süddeutschland" gliedert CHRISTALLER in vier Teile: in einen theoretischen, einen verbindenden, einen regionalen und einen Schlussteil.

Im theoretischen Teil erläutert er „grundlegende Begriffe". Er setzt zentrale mit dispersen Orten in Bezug (CHRISTALLER 1933, S.23). An dieser Stelle soll die Definition eines zentralen Ortes kurz dargestellt sein: ein Standort, der einen Bedeutungsüberschuss besitzt. Die eigenen Einwohner und das Umland werden von diesem Ort aus mit zentralen Gütern versorgt. Je höher der Rang eines Zentrums ist, umso breiter ist das Sortiment an zentralen Gütern und Dienstleistungen. Dabei ist die Größe bzw. die Zentralität dieses Ortes nicht an seine Bevölkerungszahl gebunden. Die Zentralität, oder besser der Bedeutungsüberschuss, eines Ortes stellt das Verhältnis an zentralen Gütern und Dienstleistungen pro Einwohner dar. Wenn ein Ort mehr Dienste und Güter anbietet, als seine Bewohner benötigen, besteht ein Bedeutungsüberschuss, er ist von höherer Zentralität als die ihm umgebenen Orte (end. S.26). Als Beispiel führt er eine Arbeitersiedlung an, die Einwohnerzahl ist groß, aber hier werden keine zentralen Güter angeboten, somit ist die zentrale Bedeutung des Ortes gering. Er gehört dem Ergänzungsgebiet (ebd. S.30) eines zentralen Ortes an und wird von diesem mit zentralen Gütern versorgt. Die Größe des Ergänzungsgebietes wird von der Reichweite der zentralen Güter bestimmt (ebd. S.31). Diese gibt die weiteste Entfernung an, die dispers wohnende Bevölkerung bereit ist zu reisen, um ein Gut zu erwerben. Er stellt heraus, dass jedes Gut eine individuelle Reichweite besitzt, die von unterschiedlichen Faktoren beeinflusst wird, zum Beispiel die Nähe zu anderen zentralen Orten, den Preis, den Einkommensverhältnissen oder der Verteilung der Bevölkerung. Es gibt eine äußere Reichweite, bis zu der das Gut nachgefragt wird. Außerhalb dieser Grenze sind die Konsumenten nicht mehr bereit, die

Kosten, um an den zentralen Ort zu gelangen, aufzubringen. Die Abnahmemenge wird also geringer, umso größer die Entfernung zum zentralen Ort ist. Die Transportkosten seien proportional zur Entfernung steigend. Abbildung 2 zeigt schematisch die Reichweite eines Gutes. Das zentrale Gut wird am Punkt A angeboten. Die innere Reichweite, die Mindestnachfrage, die das Gut benötigt, um Kosten deckend zu wirtschaften, ist am Punkt B dargestellt. Ist die Nachfrage zu gering, würde das Gut nicht angeboten, die Zentralität des Ortes wäre niedriger. Punkt C stellt die äußere Reichweite dar. Außerhalb dieses Punktes ist niemand mehr bereit die Kosten (Reisekosten, Zeit) aufzuwenden, um das Gut zu erwerben. Mehrere Güter einer Hierarchie können an einem zentralen Ort angeboten werden. Diese haben unterschiedlich große innere (und äußere) Reichweiten, das hierarchische Grenzgut bestimmt die Zentralität und die Abgrenzung der Güter zu denen des zentralen Orts nächster Ordnung.

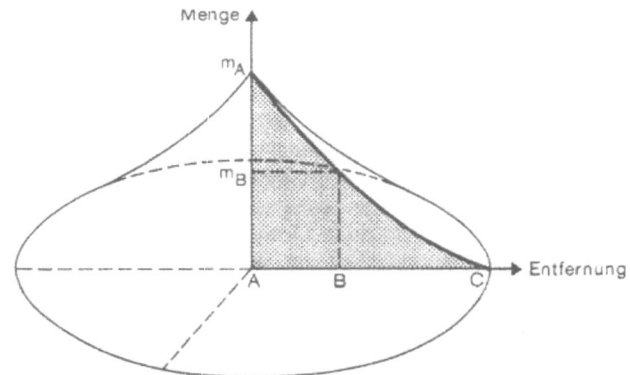

Abb.2: SCHÄTZL 2001 (S.73)

Es ergibt sich ein kreisförmiges Marktgebiet um jeweils einen zentralen Ort. In diesem Marktgebiet herrschen homogene Bedingungen: Es gibt keine räumlichen Unterschiede bei der Produktion, bei der Nachfrage, der Bevölkerungsverteilung, bei der Verkehrserschließung und der Erreichbarkeit der Orte, dem Pro-Kopf-Einkommen, der Kaufkraft oder gar der Bedürfnisse der Individuums. Die Zahl der zentralen Orte sei minimal.

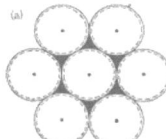

Ordnet man die Nachfragekreise eines Standortes im gleichen Abstand zueinander an, ergeben sich Gebiete, die unversorgt sind (a).

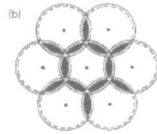

Da jedoch kein Gebiet unversorgt bleiben soll, rücken die Kreise näher zueinander (b). In diesem Fall überschneiden sich die Versorgungsgebiete, es besteht ein Überangebot. Die Mindestnachfrage kann genau dort nicht mehr überall gedeckt werden.

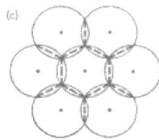

Als optimale Form ergibt sich demnach ein hexagonales Muster, ein Wabenmuster (c).

Abb. 3: SCHÄTZL 2001 (S.75)

Spezialisierungen einzelner zentraler Orte sind ausgeschlossen. Jeder zentrale Ort einer bestimmten Hierarchie bietet nur Güter dieser Hierarchie an. Dabei können an Orten höchster Zentralität, sämtliche Güter niederer Orte angeboten werden und zusätzlich zentrale Güter höchster Ordnung, die es nur an diesem Ort zu erwerben gibt. Wenn also das hexagonale Muster für mehrere zentrale Güter verschiedener Reichweiten dargestellt werden soll, zeichnete sich die Zentralität der einzelnen Güter wie in folgender Darstellung (Abb. 4) ab: An allen A Standorten werden Güter höchster Zentralität angeboten. Diese haben die größte untere Reichweite, bedürfen also das größte Marktgebiet, um Kosten deckend zu wirtschaften. Es handelt sich hier um Güter und Dienstleistungen, die nur episodisch nachgefragt werden. Es werden aber auch sämtliche Güter niederer Ordnung angeboten, da der zentrale Ort auch die Funktionen der niederen Orte übernimmt. Er ist

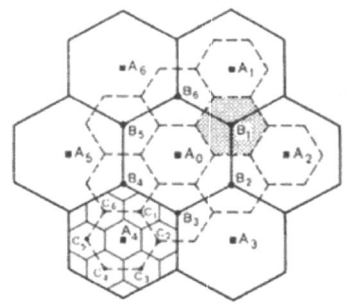

Abb. 4: SCHÄTZL 2001 (S.77)

A, B und C Ort zugleich. An B Orten werden nur Güter und Dienstleistungen, die regelmäßig nachgefragt werden, angeboten. Sie haben die für den B Standort spezifische Reichweite, können also nicht an A Standorten angeboten werden. Zusätzlich können auch Güter niederer Ordnung erworben werden, die der C Standorte.

3.2.    Die drei räumlichen Anordnungen Zentraler Orte.

a)   Das Marktprinzip (Versorgungsprinzip).

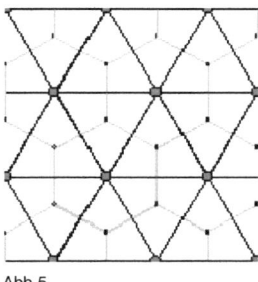

Abb.5.

Laut CHRISTALLER gibt es „neben einer großen Anzahl kleiner und kleinster […] nur eine geringe Anzahl größerer Städte" (S.63). Daraus schließt er, dass zentrale Orte so verteilt liegen, dass um sie herum jeweils ein Ring von sechs kleinsten untergeordneten Städten liegt, die wiederum umgeben sind von einer proportional steigenden Anzahl kleinerer Orte. Jeweils in der Mitte dreier zen

traler Orte eines bestimmten Ranges, zum Beispiel der P-Orte (in Abbildung 5 fett dargestellt), entsteht ein neuer hilfszentraler Ort G. Dieser versorgt das peripher gelegene Gebiet dreier ranghöherer zentraler Orte und liegt auf den Ecken des hexagonalen Marktgebietes. Folglich ist die Zentralität des Orts G niedriger, hier werden nicht alle zentralen Güter angeboten, die in den P-Orten angeboten werden (siehe auch Abbildung 4). An dieser Stelle kann dieser Ort nur entstehen, weil hier unter gegebenen Annahmen (siehe 3.1.) Bedarf am Konsum besteht, jedoch die Transportkosten die Bereitschaft senken, den Bedarf regelmäßig zu decken. Nur die Konsumenten, die in unmittelbarer Nachbarschaft zum Angebotsort wohnen, brauchen keine Transportkosten (und Zeitkosten) aufwenden, können beispielsweise für 4 Euro zwei Brote kaufen, die peripher (oder mit Christallers Worten: dispers) wohnende Bevölkerung aufgrund von besagten Kostenaufwendungen nur für 3 Euro eineinhalb Brote. Die Differenz muss für Transportkosten bereitgestellt werden. An den hilfszentralen Orten verringert sich nun der Preis für diese Transportkosten, hier kann dementsprechend mehr Brot, möglicherweise wieder zwei Brote konsumiert werden. Der Ort G kann allerdings nur existieren, wenn er ein Gebiet versorgt, das mindestens seiner

9

unteren Reichweite entspricht und außerhalb der unteren Reichweite des jeweiligen Produktes des P-Ortes liegt. Aus diesem Grunde können keine Güter und Dienstleistungen höchster Ordnung angeboten werden, da ihre untere Reichweite größer ist als das Ergänzungsgebiet des G-Ortes (ebd. S.72).

Der Zuordnungsfaktor k=3 verdeutlicht jeweils die Anzahl der zugeordneten Marktgebiete: 1 - 3 - 9 - 27 ...

b) Das Verkehrsprinzip.

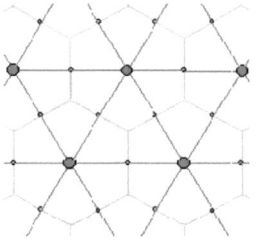

Abb.6.

CHRISTALLER stellte heraus, dass das Marktprinzip zwar durch eine minimale Zahl zentraler Orte alle Teile des Landes versorgt, jedoch die nächstrangigen zentralen Orte nicht auf den Verbindungsachsen zweier zentraler Orte höheren Ranges liegen, in ihrer Verbindung Zickzack-Linien entstehen (S.77). Folglich entwickelte er ein alternatives Prinzip. Hier liegen so viele zentrale Orte auf den Verkehrswegen zwischen den zentralen Orten. Alle unbedeutenden Orte liegen jenseits dieser Strecken (ebd. S. 78).

Der Zuordnungsfaktor k=4 verdeutlicht jeweils die Anzahl der zugeordneten Marktgebiete: 1 - 4 - 16 - 64 ...

c) Das Verwaltungsprinzip (Absonderungsprinzip).

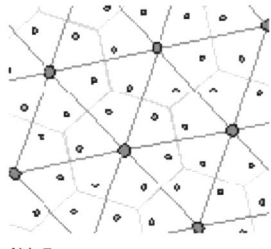

Ein drittes Prinzip berücksichtigt politische Grenzen. Sechs dispers gelegene Orte sind einem zentralem Ort zugeordnet. Die Grenzgebiete sind fast unbesiedelt. Der Zuordnungsfaktor k=7 verdeutlicht jeweils die Anzahl der zugeordneten Marktgebiete: 1 - 7 - 49 - 343 ...

Abb.7.


### 3.3. CHRISTALLERS Anwendung auf Süddeutschland.

In seinem dritten, regionalen Teil kommt es schließlich zur Anwendung der deduktiv erstellten Theorie. Er sieht seine Theorie durch das Übertragen auf Süddeutschland bestätigt. Auf das L-System München sei hier näher eingegangen.

Er leitet eine Hierarchie zentraler Städte Süddeutschlands her, indem er die Bedeutung der Orte misst. „Ob also dieser Ort zentrale Funktion hat, kann am besten durch die in ihm vorhandenem dem Austausch zentraler Güter dienenden Einrichtungen erkannt werden" (S.138). Er beschreibt eine Art Katalog dieser Einrichtungen (S.139). Ein Beispiel sei daraus genannt: Einrichtungen des Handels niederer Art - der Wochenmarkt, höherer Art - das Warenhaus. Um nun die Bedeutungen der Orte zahlenmäßig aneinander messen zu können, begibt CHRISTALLER sich auf die Suche nach einem einheitlichen Maß, nämlich dem Zählen der Telefonanschlüsse. Er beschreibt dies als „verblüffend einfache und in ausreichendem Maße exakte Methode." Dabei entspricht die Anzahl der Anschlüsse der Bedeutung. Sie unterliegt lokalen Schwankungen, wie etwa in Kurorten und Verbreitungsgebieten „besonders telefonbedürftiger Gewerbe

(Kleinindustrie)" oder dort „wo höherer Wohlstand herrscht (Weinbau)", in denen die Anschlusszahl gegebenenfalls höher ist (ebd. S.144). Im Mittel kommt auf 40 Einwohner ein Telefonanschluss. Es entsteht nun ein Bedeutungsüberschuss bei zentralen Orten höherer Ordnung oder ein Bedeutungsdefizit bei dispersen Orten, die sich einander ausgleichen (ebd. S.146). CHRISTALLER selbst gibt an, dass diese Methode im „mathematischem Sinn" nicht exakt sei und sie Fehlerquellen aufweise (ebd.).

| Typ | Einwohnerzahl | Telefonzahl | Zentralität |
|---|---|---|---|
| H ....... | um 800 | 5—10 | —0,5 bis +0,5 |
| M ....... | um 1200 | 10—20 | 0,5 bis 2 |
| A ........ | um 2000 | 20—50 | 2 bis 4 |
| K ....... | um 4000 | 50—150 | 4 bis 12 |
| B ....... | um 10000 | 150—500 | 12 bis 30 |
| G ........ | um 30000 | 500—2500 | 30 bis 150 |
| P ........ | um 100000 | 2500—25000 | 150 bis 1200 |
| L ........ | um 500000 | 25000—60000 | 1200 bis 3000 |
| RT ...... | um 1000000 | 60000 u. m. | 3000 u. m. |
| R ........ | um 4000000 | ? | ? |

Abb. 8: CHRISTALLER, 1933

Er erstellt tabellarisch eine Übersicht (siehe Abb. 8) zehn „realer Typen zentraler Orte in Süddeutschland" (ebd. S.155), das deren Einwohnerzahl, Telefonzahl und Zentralität erfasst.

Beim L-System München beweist er seine Theorie. München weist die höchste Zentralität auf, sein Geltungsbereich umfasst nicht nur den Staat Bayern, „sondern zum Teil noch Württemberg, vor allem aber Tirol und Salzburg" (ebd. S.165). Diese Stellung sei damit zu erklären, dass München nicht nur die höchste Einwohnerzahl aufweist, sondern auch eine erhebliche Zahl zentraler Einrichtungen, es ist „bevorzugtes Reise- und Wohngebiet" und die Bevölkerung relativ geringteilig großindustriell beschäftigt ist. Somit könne auch erklärt werden, weshalb die Zentralität Nürnbergs oder Stuttgarts so gering ist. Der L-Ring um München, auf dem alle sechs benachbarten L-Orte liegen, ist im Radius 186 Kilometer. Grundlage der Entfernung dient der Luftweg. Bis auf Stuttgart, weichen alle L-Orte von dieser Distanz ab. Nur Nürnberg als nördlich angrenzender L-Ort liegt innerhalb der 186 km Grenze, Prag, Wien, Venedig, Zürich weit außerhalb. Diese Abweichung erklärt er durch die gegebene Oberflächenform der Alpen. Alle P-Orte liegen auf einem 108-km-Radius und zwar auf der Winkelhalbierenden zwischen den zwei Achsen der L-Orte, deren Winkel 60° beträgt (siehe Abbildung 5). Auch hier liegt nur Regensburg im L-Dreieck München-Nürnberg-Prag. Im Dreieck Prag-München-Wien ist kein P-Ort zu finden. Alle anderen P-Orte liegen außerhalb des Radius. Einen 62-km-Radius weisen die G-Orte auf, die K-Orte 21 km.

CHRISTALLER kommt zu dem Ergebnis, dass im L-System München drei voll ausgeprägte P-Systeme und drei G-Systeme (Augsburg, Innsbruck, Regensburg), die jeweils P-Funktionen ausüben (Salzburg, Passau, Kempten), liegen. Die G-Systeme seien alle vollständig entwickelt, Störungen treten nur im Bereich der Hochgebirgsregionen auf. Anderen Gebieten vermutet er eine baldige Bildung eines Systems, etwa der Ausprägung eines eigenen G-Systems um Mühldorf.

Das Versorgungsprinzip im L-System München nimmt eine bedeutende Stellung ein, da das Verkehrprinzip nur vereinzelt zur Anwendung kommt.

Äquivalent zum L-System München wird die deduktiv hergeleitete Theorie zentraler Orte auch auf das L-System Nürnberg, das L-System Stuttgart, das L-System Strassburg und das L-System Frankfurt übertragen. So kommt er zum Resultat, die unter 3.2. beschriebenen Prinzipien seien „Verteilungsgesetzte der zentralen Orte" (ebd. S.252).

Zusätzlich erläutert CHRISTALLER mögliche Abweichungen, ob regional, historisch oder physisch (z. B. sind zentrale Orte entlang von Flussläufen besonders häufig zu finden) bedingt (ebd. S.254f). Hinzu kommt eine militärische Nutzung, die zu Abweichungen in den Systemen führe. Solche seien allerdings größtenteils durch moderne Wirtschaft des freien Verkehrs ausgeglichen, da man hier nicht mehr die Sicherheit bei der Standortwahl berücksichtigen müsse, wie es etwa in asiatischen Ländern der Fall sei.

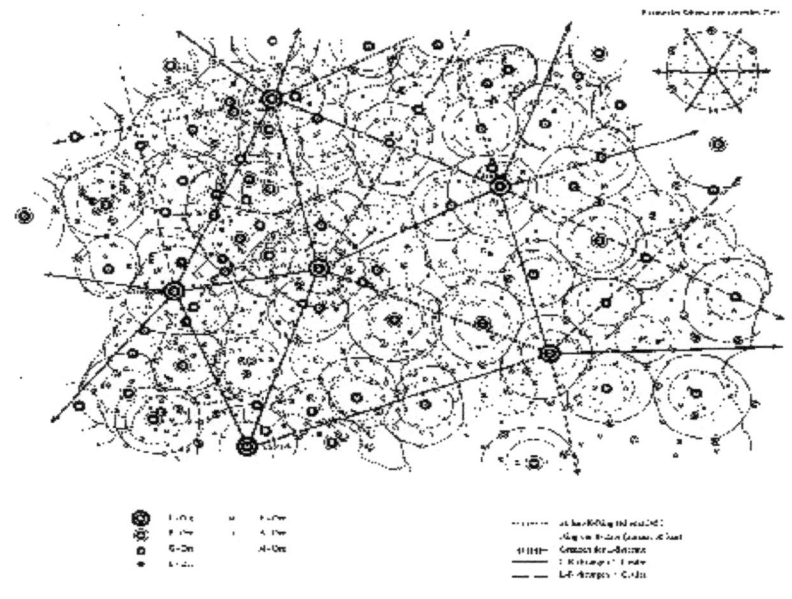

Abb.9: CHRISTALLER, 1933.

## 4. Kritik am CHRISTALLER'schen Modell.

Das theoretische Modell CHRISTALLERS wurde, wie bereits in der Einleitung erwähnt, seit den 1960er Jahren in Deutschland häufig für strukturpolitische Entscheidungen herangezogen. Früh setzte jedoch auch die inhaltliche und methodische Kritik an diesem Modell ein. Zumeist wurde der berechtigte Vorwurf erhoben, dass Modell sei zu starr und zu weit von der Realität entfernt. CHRISTALLER selbst benannte Fehlerquellen in der von ihm eingesetzten empirischen Methode schon im einleitenden Teil seiner Dissertation: „… Theorie wird dann die Wirklichkeit gegenüber gestellt; bei dieser Konfrontation stellt sich heraus, inwieweit die Wirklichkeit der Theorie entspricht." Des Weiteren erklärt er, dass die Theorie keinen Anspruch auf Vollständigkeit erhebt. „Es werden nur solche Beziehungen [...] vorgeführt, die von erheblicher Bedeutung [...] sind." (CHRISTALLER 1933, S. 16)

Folgende Einwände lassen sich nach SCHÄTZL (2001) und KULKE (2004) zusammenfassen:

• Die von CHRISTALLER verwendete Telefonmethode zur Bestimmung der Zentralität ist nicht mehr praktikabel. Auch das Übertragen auf zeitgemäße Technologien/Dienstleistungen ist nicht immer möglich.

• Die Annahme einer Konkurrenzmeidung bei Anbietern gleicher Waren entspricht nicht der Wirklichkeit, sie neigen sehr häufig sogar zur räumlichen Konzentration in Gewerbegebieten, zum Beispiel Autohäuser.

• Das Entstehen von neuen Städten erfordert Bevölkerungsbewegungen. Diese sind aber nach den Modellannahmen ausgeschlossen, um ungleichmäßige Bevölkerungsverteilungen und Kaufkraftunterschiede auszuschließen, somit sind auch Nachfrageänderungen (Wachstum oder Reduzierung) durch eine natürliche Fluktuation der Bevölkerung nicht beachtet.

• Da ein Ort höherer Zentralität auch die Güter der niedrigeren Zentralitätsstufen anbieten muss, sind weitere Spezialisierungen des Angebots ausgeschlossen. Orte niedrigerer Zentralität können keine Produkte der nächst höheren Zentralitätsstufe anbieten, keine weiteren Waren anbieten, die im nächst höheren Zentrum nicht angeboten werden, sonst würde die Hierarchie der Zentralität durchbrochen.

• Die durch die K-Werte (nicht von CHRISTALLER, soondern erst 1940 von August LÖSCH eingeführt) bestimmte Hierarchie ist starr. Es ist also beispielsweise nicht möglich, dass sich die B- und die K-Orte nach dem Marktprinzip anordnen, die A-Orte nach dem Verkehrsprinzip und die M-Orte nach dem Verwaltungsprinzip.

• Die Grundversorgungsfunktion ist in hoch verdichteten Gebieten oder im suburbanen Raum gegeben, was eines der Hauptziele der Zentralen Orte nämlich für diese verdichteten Gebiete überflüssig macht. Heutzutage spielen durch die erhöhte Mobilität und Flexibilität Distanzen eine geringere

Rolle, außerdem gehört zum Einkaufen zumeist mehr als das reine Besorgen nur eines Produktes, dieses Prinzip der Versorgungskopplung, übernimmt heute jedes Einkaufszentrum.

• Andere, die Standorte von Anbietern bestimmende Faktoren, bleiben unberücksichtigt. Für die Standortentscheidung von Unternehmern sind oft externe Einsparungsmöglichkeiten (z.B. Neben-, Verwaltungs-, Personalkosten oder klimatische Faktoren) bedeutsam.

## 5. Schlussanmerkung.

Im Schlussteil CHRISTALLERS Werk selbst, sieht er seine Theorie im Hinblick auf die Anwendung an Süddeutschland bestätigt. Er räumt auch Unregelmäßigkeiten ein, zum Beispiel liegen die P Orte des L-Systems Nürnberg nicht auf ihrem Kreisbogen, sondern weichen von 17% bis 28% davon ab (S.183), was sich auch in den anderen Systemen widerspiegelt. Dabei sieht er das Versorgungsprinzip als Hauptverteilungsprinzip, das Verkehrs- und Absonderungsprinzip als „sekundäre Deviationsgesetze" an (S. 254). Auch erläutert er Abweichungen und deren Ursachen (S.255). Zum Beispiel sei der Abstand der jeweiligen Ringe durch „benachbarte mächtigere Systeme" bedingt. Ebenso räumt er ein, dass sich die jeweilige Anzahl der zentralen Orte auf den Kreisen unterscheidet.

CHRISTALLERS theoretisches Modell hat im Verlauf des letzten Jahrhunderts u.a. in Deutschland Anwendung gefunden. Auch wenn einige Kritikpunkte nicht von der Hand zu weisen sind, und er räumt selbst Kritikpunkte ein, war und ist seine Theorie Wegbereiter nachfolgender Standorttheorien gewesen. Zu nennen seien hier die weiter führende Theorie von LÖSCH (Die räumliche Ordnung der Wirtschaft, 1940, Jena) oder die von VON BÖVENTER (Die Struktur der Landschaft, in: Optimales Wachstum und optimale Standortverteilung, S.77-133, Berlin 1962). CHRISTALLER wird immer wieder aufgegriffen, und gilt als „Baustein der Wirtschaftsgeographie" (REICHART, 1999). An dem von ihm formulierten hierarchischen System von Ober-,

Mittel- sowie Unterzentren lehnt sich bis heute die Finanzierung der Kommunen durch die Länder.

## 6. Literaturverzeichnis.

- CHRISTALLER, W. (1933): Die Zentralen Orte in Süddeutschland - Eine ökonomisch-geographische Untersuchung über die Gesetzmäßigkeit der Verbreitung und Entwicklung der Siedlungen mit städtischen Funktionen, Gustav Fischer Verlag Jena.
- HAGGETT, P. (1991): Geographie. Eine moderne Synthese. Eugen Ulmer GmbH & Co. Stuttgart.
- HOTTES, R. (1981/82): Walter CHRISTALLER – Ein Überblick über Leben und Werk. In: Geographisches Taschenbuch 1981/82.
- KULKE, E. (2004): Wirtschaftsgeographie, Ferdinand Schöningh Verlag Paderborn.
- SCHÄTZL, L. (2001): Wirtschaftsgeographie I. 8. Auflage Ferdinand Schöningh Verlag. Paderborn.

- Abbildungen 5,6,7 und 9 aus

http://www.mygeo.info/skripte/skript_bevoelkerung_siedlung/lanu2.htm    (Abruf: 08.12.2007)

## 7. Eidesstattliche Erklärung.

Ich erkläre an Eides statt und bestätige hiermit besten Gewissens, dass ich die vorliegende schriftliche Arbeit ohne fremde Hilfe angefertigt und nur die im Literaturverzeichnis aufgeführten Quellen und Hilfsmittel benutzt habe.

..........................., den ...............           ......................................

(Ort)                      (Datum)                        (Unterschrift)